U0175802

悦 读 阅 美 · 生 活 更 美

女性时尚生活阅读品牌

☐ **宁静**　　☐ **丰富**　　☐ **独立**　　☐ **光彩照人**　　☐ **慢养育**

手绘时尚巴黎范儿 1

魅力女主们的
基本款时尚穿搭

[日]米泽阳子 著

袁淼 译

漓江出版社

Foreword
前 言

米泽阳子

　　毕业于女子美术短期大学，曾在大型企业担任广告插画设计师，后成为独立插画师，活跃在化妆品包装、广告宣传品、女性杂志、CM等与女性、时尚相关的插画设计领域。曾游学法国，受邀在巴黎老牌高端商场"乐蓬马歇"（Le Bon Marché）举办了全方位的个人才艺展。回到日本后，将在巴黎居住4年的体验结集成书，并活跃在商品企划等领域中。曾出版有《巴黎人的最爱》《巴黎恋爱教科书》。

个人网站：http://www.paniette.com

说起"巴黎扮靓术"，你是不是会有高不可攀的感觉呢？我今天要讲到的，是俯首可得，实实在在能够运用起来的扮靓秘诀。

　　那就是，我凭借每3个月穿梭于日本与法国之间所注意到的法式扮靓＆日式扮靓法则。

　　首先，我关注的都是纯粹的"巴黎女郎"。她们都是巴黎街头最为平凡的女性。

　　平凡，却不普通。通过每天观察、与她们交流、听取她们的价值观，我把她们的形象一个一个全素描了下来。

　　每次回到东京，我都会总结思考我们与巴黎女郎之间的区别，最后我终于找到了答案。于是我决定用画图的方式彻底剖析巴黎女郎的扮靓秘诀。而从巴黎带回来的图画就成了我的灵感之源。

　　"巴黎扮靓术"简单来说，就是基本、适用、简单，实践起来方便又省钱。日本与法国之间虽然存在文化差异，但只要抛开先入为主的观念，想着"她们与我们一样，都是女人"，那么就能感同身受，也会更容易走入巴黎女人的扮靓世界了。

　　这也是以人为本的思考方式。

　　再说说"搭配"，确实有省时省力的解决方案，用一点点时间就可以简单地实践起来。是的，我们的问题并不是预算不足，更多的感受是时间不够用。

　　现在开始，不必纠结于预算，只要花一点点时间，就能让自己变漂亮，就像巴黎女人们那样。

目 / 录
Contents

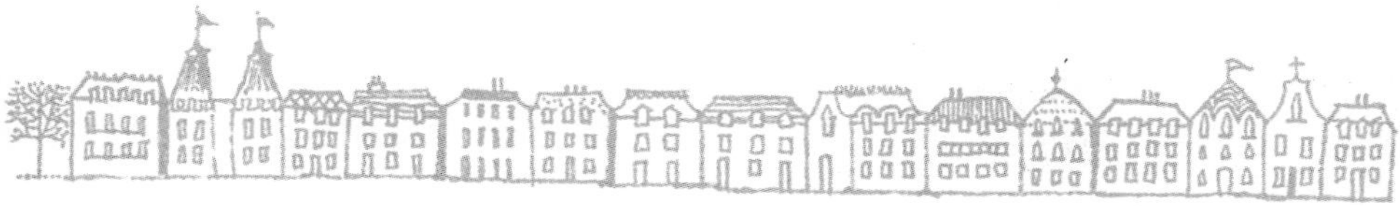

Part 01

巴黎范儿穿搭精髓

La mode à Paris

怎样扮靓呢？
选择适合自己的单品。

为什么如此时尚？
因为与时尚之都的风格相协调。

为什么如此苗条？
因为重视以轮廓感展示曲线。

为什么如此帅气？
就算是新买的衣服，也是适合自己风格的。

怎样控制预算？
严格挑选，同类单品无须太多。

穿好就可以上街了吗？
要站在镜前好好检查一下再出门。

为什么有的人穿的衣服那么适合她呢？
因为购买之前，经过了仔细的试穿。

为什么基本款也能显气质？
因为注重了搭配。

即使看不出运用了心思也没关系？
自然、大方最好。

怎样选购适合自己的衣服？
选对尺码很重要。

怎样穿能看起来洗练？
多使用减法。

普通的单品，
也能穿出时髦帅气的感觉！
这就是"巴黎范儿"！

巴黎扮靓术——普通，但超时尚

巴黎的女人为什么会把普通的衣服穿得如此帅气！

不管你就在巴黎，或者不在，大家对巴黎女人的印象非常统一，那就是"时髦"。巴黎的代名词就是"时髦"，当下在时尚界的地位也是屹立不倒。与华丽不同，非常洗练。

巴黎是时尚品牌的大本营，但只有少数人喜欢穿戴高级品牌设计师设计的服饰。与我们相同，普通的巴黎女人都是穿着很普通的衣服，但，就是帅气！

当初，我也很不解。"因为脸孔、身材？是底子好才会穿得漂亮吧"——也有过这样嫉妒的小心思。但通过仔细观察，我发现她们的夺目并不是因为脸孔长得多美，身材有多棒。

同样是女人，她们也会为头发、脸、身材等各种问题苦恼，那么她们的穿戴帅气从何而来呢？当我走进她们的世界，听到她们的谈话，我终于有了发现。如左页所示，那就是"巴黎范儿"的秘密。

这一次，我把在巴黎学到的疑问（？），变成发现（！）介绍给大家。从这里开始迈出第一步，走进"巴黎范儿"的时尚世界。

与街路环境相匹配

一件单品百样穿

巴黎女人钟爱 4 件套的 5 种穿法!

袖子卷到胳膊肘。

腰带向下。

收紧袖口的皮带。

腰带散落在后面的巴黎风。

袖子稍稍卷起来。

把腰带系一个结。

巴黎女人钟爱的4件单品

风衣

四件单品
完成巴黎范儿
基本扮靓，OK！

打底衫

牛仔裤

平底芭蕾鞋

把腰带系在较高的位置。

里面毛衣的袖子也卷起来。

小服饰

黑色吊带

靴子

小配饰

耳环

手镯／手链

长项链

围巾

实用百搭的针织衣，怎么穿都好看，相比新品，有点古旧风格的更被巴黎女人喜爱。

严选一件无论是尺寸、颜色，还是设计都经典的基本款风衣，尝试各种搭配。

每人都有一条经典款牛仔裤。翘臀、瘦大腿，腿形超美。

用自我风格为整体感加分

普通单品演绎出的独特品位

在巴黎的每一天，我都孜孜不倦地研究着巴黎女人的穿着。被全世界盛赞"时髦优雅"的她们，究竟拥有哪些与众不同的单品呢……结果我发现她们的单品都非常普通，每一件都是基本款。

代表性的单品有牛仔款、风衣款、针织衫。不管在哪里都能买到。并不是衣服穿人，而是人穿衣服。让每一件都为自己服务。每个巴黎女人都是"搭配达人"，衣服也许并不是崭新的，但都能被主人穿出风格。

15

（廓形）

Silhouette

贴身！

宽松！

巴黎风女性的穿衣风格是选择比合适尺码小一号的服装。

把身材暴露无遗？！

宽松的服装遮盖了身材，是让人安心的小女孩风格。

廓形最重要

相比单品，整体的平衡感更为重要

巴黎女人每一个都是廓形美人。"廓形"这个单词来自法语，是时尚的第一考虑要素。学会从整体角度看自身是一项基本功，是每个巴黎女人从小就接受的训练。

站在全身镜前，仔细检查自己的廓形。看起来是修长优雅的，才OK。如左页图所示，左边的造型就符合这个标准。

如果看起来显宽显胖，或者重心向下，那么就通过换单品等手段让自己看起来更利落更优雅。

可以说，完成了廓形工作，那么这个造型80%的时尚度就完成了。剩下20%的工作是颜色的协调和首饰的选择。

这个造型是失败的，使我看起来很是圆肥。

这可是我最喜欢的品牌哦，为什么站不来感觉？

虽然穿的是最流行的衣服，却一点都没有巴黎的感觉。

打底裤是从东京买的，到了巴黎完全派不上用场。

我要变漂亮！

你忘记了廓形哦

这双大大的鞋子也无法走上巴黎的街头。

整体看起来好厚重！

价格也厚重呢……

给你这个！巴黎的形象！

店员为我选了连衣裙，自己选的是这个。谢谢店员。

啊，才4000日元。

圆滚滚的造型不见了，廓形美人诞生！

喜欢和适合，完全是两回事哦……

相比掩饰体形，还是选择适合身形的衣服吧！努力研究廓形的结果就是，我爱上了简单的设计！

贴身的打底裤让双腿看起来更修长

变身轻快优雅风！

低胸的结果就是，脖子显得更长。

选择小圆珠组成的长项链提升视觉的上下。

细长的袖简让胳膊显得优雅。

紧缩的裤腿让腿形更长更美。

※ 其实我不是这样显瘦的，请参照右图。

牛仔裤的裤脚稍微卷一点，感觉腿更长。

视觉上，腰以下的横线太多，整体感觉宽胖。

表现出纤纤身形

最大限度地减少横线，增强纤瘦感

左页的两个造型，乍一看服装相似、首饰相似，但给人的印象截然不同。

左边的造型看起来纤长优雅。这也是巴黎范儿的一个特点，利用视觉差给人以帅气的印象。

相反，右边的造型，选择了包裹全身的服装，也许不想表现出身形，所以选择了令自己安心的单品。整体感觉时髦度下降，形体不够纤长。

这时应该记住"增强纤瘦感"法则。

巴黎女人精于此道，就算胸、手臂、臀部的线条并不完美也不会刻意掩饰。她们善于让自己显得既纤长又肉感十足，用简洁大方的廓形令时尚感倍增。

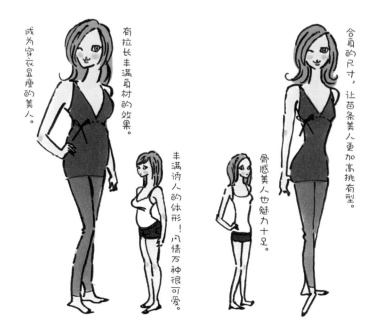

成为穿衣显瘦的美人。

有拉长丰满身材的效果。

丰满诱人的体形！风情万种很可爱。

骨感美人也魅力十足。

合身的尺寸，让苗条美人更加高挑有型。

直线多的服装，清爽简洁。

波浪卷发体现巴黎特色。

同一件衣服小一个尺寸，演绎出性感风格。

膝上短裙令整体感觉更立体。

利用曲线提升性感度

利用女性曲线变身性感"小恶魔"

大自然里面，纯粹的直线基本上不存在，全部都是由曲线构成。树木、云朵、花瓣……人也是一样。特别是女人，更给人圆润的印象。女性的曲线美也激发了不少设计灵感，比如说可乐瓶的设计，就因为参考了女性元素而闻名。看看身边的瓶子，基本都是曲线的设计呢。

通过描绘女性，我在法国更是领略了成熟女人的性感曲线美。

现在我们放眼世界，如果说日本女性的性感度是 20%，美国女人的性感度是 100% 的话，那么巴黎女人的性感度就是 70%。可见巴黎女人的"小恶魔"性感特征。

为了演绎出"小恶魔"似的性感，合理加入曲线元素是关键所在。

左页造型，左边的发型和服装都是直线型，右边的则是曲线型，性感程度显而易见。这就是巴黎女人的魅力秘诀。

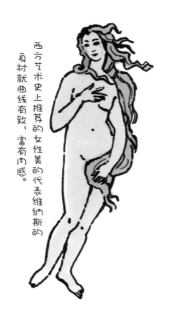

西方艺术史上推荐的女性美的代表维纳斯的身材就曲线有致、富有肉感。

特别是这里的设计非常女性化。

이 ㅇ可乐瓶子的设计以女性身材为源，

皮夹克的里面，静和暖的静。

抗冻的果然还是年轻人！

围上围巾，这样就可以保暖。

换季乱穿衣时节的巴黎，体感温度决定扮靓指数

初夏的街上，冬装夏装混杂，但无一不时髦可爱

我的巴黎生活开始在3月。正是东京换了季节穿春装的时候。箱子里面备上春天的外套就认为万事大吉"准备就绪"了……却收到了巴黎朋友给我的邮件，说"必须带上羊毛外套哦"。当我到了巴黎，迫不及待地穿上春天的外套，轻松地在街上走走逛逛，却发现身边全是冬装女人。但我想"时髦必须走在季节的前面"，于是继续春装上街，却被冻感冒了……巴黎温差大，白天尚可用春装招摇，到了傍晚气温下降，单薄的春装无法抵挡寒气。

朋友的邮件真有道理呢。羊毛外套是必要的，也就是说3月的巴黎依然是寒冷的。

我于是认真研究了当地的气候，得出了"在这里，体感温度最优先"的结论。在巴黎，春天和夏天各自只有2个月左右，非常短暂。一年中基本都是秋天和冬天，所以必须做好防寒对策。也就是说，根据气温扮靓十分重要。

体感温度每个人不尽相同，只要自己感觉舒适，就算穿上不合季节的服装也不会遭人白眼。气温突变的时候走在街上，可以看到一年四季的各种单品。皮夹克、大衣、吊带、羊毛披肩、光脚穿凉鞋、长裤配长靴、光腿穿长靴……令人不禁发问："今年到底流行的是什么啊？"

在巴黎没有换季一说。我在这里切身感受到了四季分明、根据季节扮靓的日本人的优越感。

被巴黎的气温变化打败了。

羊毛外套十分必要。

早晚温差很大。

冻得发抖

粗心是大敌，防寒服要常备。

夏天也穿皮夹克。

控制甜蜜感

带有蝴蝶结的衬衫

去掉腰上的蝴蝶结，提升成熟度。

领口的蝴蝶结打开。

带有蝴蝶结的短裙

去掉

换成两条重合的细腰带，减少甜蜜感。上身配简洁大方的衬衫，整体感觉优雅时尚。

下身简洁轻便。

带蝴蝶结的衬衫连衣裙

换成腰带很好地平衡了整体美感。

拿掉可爱的元素更加成熟性感

巴黎的点心很甜，日本人会觉得太甜了。但巴黎女人扮靓时总是会控制甜味。看来，巴黎时尚的甜度与日本点心的相同呢！

每天，你去看巴黎的人气商店 ZARA 和 H&M，女性风格浓郁的服装都很好卖，说明巴黎女人也十分钟爱女人味的服饰。但是，穿用之前她们都会做一些修改，严格控制服饰的"甜味度"，比如更换腰带等。控制甜美程度是一项重要功课。

轻松控制甜美度的小妙招

如果有 2 条以上的丝带，可以去掉 1 条！

去掉丝带

小腿修长的巴黎女人

将丝带缠绕后再系小结。

可以把丝带剪短，再固定打结。

小腿略短的我

迷你搭配！

在巴黎小住，身边的扮靓小物不多，改变蝴蝶结的系法也能换一番天地。

单面蝴蝶结

调节长度双面结

漂亮、大面积颜色的上装给人以整体感，存在感十足。

腰带提升了全身的亮色。

上衣是主角，搭配时采用休闲元素。

简单穿搭术

为你的全身装扮设置主角

巴黎生活并非随心所欲，巴黎的扮靓哲学也是如此。甚至有时候，巴黎街头的扮靓小物还没有东京丰富。

但这些也帮助巴黎的女人们打造出简练帅气的风格。减少不必要的装饰，让人们的目光自然而然地集中在一点，不但能更好地表现出服装搭配，更突出了穿者的气质形象。比如说，今天的主角是"靴子"，那么其他装饰都做"配角"处理啦。

突出最想表达的要点，主次分明，扮靓成功！

和服风格的连衣裙非常受欢迎。

设计独特，其他装饰就一律从简。

简约的高跟鞋。

将存在感强烈的耳坠作为主角，全身不再搭配其他装饰物。

平凡单品的个性穿法

亮点: :

松垮感:

散开衣扣，露出完美胸形。

把衣领向后散开，显得脖颈细长优美。

一丝不苟穿着的呆板效果。

用抢眼的"亮点"和看似随意的"松垮感"，穿出个性

　　左边的这些造型图例都是巴黎女人的日常穿着。她们的功力令最普通的衣服焕发出时尚的光彩，而且让千篇一律的服装体现出穿者的个性。

　　仔细观察你会发现，每个造型都有彰显个性的穿着亮点，同时还搭配着一些看似随意不加修饰的"松垮感"。这些无不体现出巴黎女人的独特个性。完美的扮靓功力令最普通的衣衫变得个性十足。

　　但是，自己如果功力不足就会造成失败。我刚到巴黎的时候不明白散漫的扮靓风，还煞有介事地问在巴黎居住了20年的友人"难道她们刚刚起床吗？"这样质朴的问题。结果朋友回答我"哪里，这样才是潇洒帅气哦！"原来如此啊。

　　随着我在巴黎的时间变长，自己也越来越欣赏这种潇洒的造型风格。所以要想顺利通过调整关，还得自我修炼才行。

时尚的极致，爱黑色

不同材质的黑色拼接在一起，给人以华丽的感觉。

别致的裙子。

绸子的腰带。

羊毛材质。

皮靴。

巴黎女人喜欢的麻质。

皱褶也美丽。

独特的魅力。

巴黎女人最爱的绑带鞋。

全身黑色也不乏味。

不同材质的黑色随着光的反射演绎出不同的表情。

皮毛围脖。

针织衫。

牛仔裤。

高跟鞋。

去看演出的巴黎女人。

透视黑衫搭配白色裙子,

在夕阳映照的街上格外惹眼。

黑色的内衣。

低胸的黑色丝绸连衣裙。

垂坠感的裙子。

尖头皮靴。

仔细观察, 黑色也有大学问! 即便只是一件简单的棉质T恤。

绿色系黑色

蓝色系黑色

红色系黑色

蓝色系黑

绿色系黑

相同的黑色,如果派系不同就会显得俗气不讲究。

31

用发箍装饰头发。松松的系法是巴黎女人的特色。

巴黎女人喜欢自然的眉形。

金色或栗色的头发好像不太适合鲜亮的颜色，黑发和这种亮色却非常搭！

合身的小背心。

斜后背的购物袋，挺直的单肩背。

大步伐！

亚洲美人的秘密

简单变一下打扮，成为亚洲美人

在巴黎的街头，经常会与亚裔的巴黎女人擦身而过，总会感觉有些不一样。同样作为亚洲人，我也非常好奇。

观察一下我发现，她们的穿着非常西化。

后背挺得笔直，大踏步地走路，简直就是如假包换的巴黎女人做派呢！穿的衣服也如此，基本款的衣服都会选择适合亚洲人的颜色。我也常会在服装店被店员推荐"黑头发配绿色很漂亮"。

货架上常常会根据不同颜色陈列服装，所以大家对颜色都是很敏感的。因此，这座著名的城市也通过这些点点滴滴来培养人们对于时尚的品位、个性。在日本，人们多会内敛自卑，但在巴黎，人们觉得这样才是可以发挥潜力的个性。从这个意义上说，巴黎真是亚洲美人的好学校呢。

学会抬起头来大步向前。据说，这就是亚洲美人的秘密！

富有生机的红色连衣裙非常适合亚洲人。

善用东方女性的魅力 (Charme)

亚洲人的美丽在于美肌和美发

我从年少起，就开始描画蓝眼睛黄头发的西方人。而法国，更是我梦想中的国度。住在梦想的国度里面，我曾想象自己会遇见很多一直以来画在纸上的西方人。但是，我最深的体会，却是我们亚洲人的美丽。

曾经从遥远的地方遥想海的那边会是什么样的景象，其实走近一看你会发现很多不一样的侧面。

走近西方人，你会发现他们的头发都比较干，脸孔立体，但是脸上容易出皱纹。气候水土造就了他们的容貌特点。

巴黎的生活对于热衷美容的日本女性而言是残酷的，这里干燥的气候和硬质的水让头发干枯，肌肤失去水分，开始出现皱纹（严重的时候看起来好像木乃伊）。

但是，一走出成田机场，头发和皮肤就不可思议地水润起来。日本的气候湿度很高，虽然身体感觉不适，但对于美容却是最好不过的天然SPA！毫不夸张地说，我们的头发和肌肤世界第一美。这是老天给予我们的恩惠，我们应该好好珍惜自己的优势，好好打扮自己。

亚洲·气候湿润

即使素颜，皮肤也润泽亮丽。

头发富有光泽。

精致和细腻！美肌、美发、漂亮的眼睛，让女人更美。

欧洲·气候干燥

深深的皱纹

但是！

每一条会说话的皱纹也吸引人！

快速步行中，头发被风吹拂。

靠在墙上吸烟的人很多。

从背部曲线可知，巴黎美人！

巴黎的室内基本都禁烟。所以人们大多在公司的外面过过烟瘾。

大步伐！

随时保持美丽的仪态

仅仅改变走路的方式，就能让你提升时尚感！

我在巴黎的时候，常常有机会去参加巴黎的时装秀。那里可以说是顶尖模特的集中地。但是，即便是全世界最美丽的模特站在眼前，我还是喜欢普通巴黎女人的打扮。最主要的原因是她们的走路方式和仪态非常吸引我，可以说比之模特，有过之而无不及。

她们的站姿，仿佛头顶被一根线吊着，永远那么威风凛凛。看她们走起路来，也好像可以听到两旁的风声，非常帅气！不管是女孩还是老奶奶，不管年龄多大，巴黎女人永远有着画里才有的潇洒动作和姿态。

巴黎女人优美的背姿和酷酷的走路方式，是最夺人眼球的！这可以说是我在巴黎的"最大收获"。

仅仅是仪态和走路方式，就能将你的美丽度和时尚感提升 2~3 倍。而且完全不会产生成本！现在就来试一试吧！

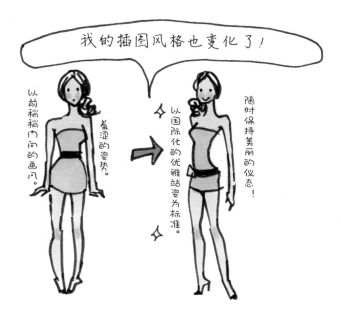

CABINES ▶

店内试穿的好尺寸

试衣间前的等待队伍

商店里的换季新作

试穿前

① 决定颜色

② 以防万一，最好带同款两种尺寸进试衣间

M S

③ 按穿试试 首先一看 光看法 一般法一试

肩膀合适吗

领口是否舒适

袖子长短是否合适

衣长是否合身

④ 看看后面

脖领是否显得漂亮

臀部是否显得漂亮

⑤ 解开纽扣，试试其他的穿法

卷起袖子

⑥ 再看看全身的样子

⑦ 试试其他的尺寸 M

转转身子，从不同角度看看效果

⑧ 远离镜子再看看

OK

决定购入

扮靓的秘诀——试穿

商业街上，人们大多会在商店前驻足观赏橱窗，不过 1~2 秒以后，人们就选择离开了。这就是巴黎人的生态。但是有一家角落里的商店，总是能吸引很多人走入店中，它就是"H&M"，我也是它的常客。

那时，H&M 还没有进入日本，所以我对这个品牌所知甚少。最让我吃惊的是店内总是人头攒动，总有一副打折季节的劲头。其中最令人震撼的莫过于试衣间。不但要等 30 分钟以上，而且总有至少 15 名巴黎女子执着地排队等候。我也加入她们的队伍，仔细观察她们，深深感受到她们挑选自己服装的认真态度。即使挑了 7 件衣服试穿（各个商店不同），最后一件都不买的人也不少，店员们同样非常习惯，淡然地整理着试穿过的服装。不管是服装还是各种品类的服饰都可以试穿、试戴，鞋子、装饰品、包包、围巾等，无一例外！如果没有在镜子前照一下，就不可能打开钱包。在这里，我充分理解了"比起金钱，重要的是时间"这句话。不管你花出的是 500 日元还是 50000 日元，付出的时间是相同的。

于是，只打算购买一件 1000 日元吊带背心的我，也不自觉地加入了试穿的行列。而且没有感觉就不会掏钱，不会顾及面子，自己的品位和感觉才重要。就这样，随着试穿习惯的养成，照镜子的机会也多了，可以越来越客观地观察自己，熟悉自己，这样购物越来越冷静，买完后悔的情况就减少了。心情真不错！学习巴黎女人，果然没错！

花两个小时买了一件，又困又累，心情却特别好！

Part 02

在日常生活中演绎
巴黎范儿

巴黎女郎爱用的针织打底衫，精选最完美的一件。

领口要以露出锁骨，又可以遮住胸部为最佳。

最佳颜色是灰色。

材料为100%棉或者100%毛，必须制作精良。

万能打底衫的5个挑选法则

1. 低领，大领口；
2. 天然材质；
3. 灰色、黑色等天然素色；
4. 没有花纹等图案；
5. 领口正好收在胸部上面。

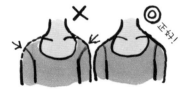

× ◎ 正好！

最理想的肩宽。

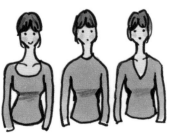

巴黎女郎的打底衫。

普通的打底衫。

鸡心领的打底衫显得肩幅略窄，看起来很像男人。

春天是万能打底衫的舞台

巴黎女人最爱低领衫

完全没有任何装饰的打底衫也会给人酷酷的感觉，真的有这样神奇的打底衫吗？巴黎女人选择打底衫有两个重要的考量要素。

首先是领口。领口要大、要低、要呈圆形。其次是尺寸。说到尺寸，不过就是 S、M、L，但一定要选择自己最合适的尺寸。另外要特别注意衣服的肩宽。颜色上多选择百搭的灰色。

要素说来简单，但要全盘满足，还真不是一件容易事。"用心去寻找，不找到最合适自己的一件不罢休"，这也是巴黎的扮靓哲学之一哦！

日本人偏爱高领衫。但一比较就会明白，低领衫会显得脖子更长、脸更小、手臂更修长、腰更细、胸部更美，等等，总之会突出女性的身材优点，还可以百搭穿着。

在 ZARA 的卖场里，低领衫显然是最好卖的。

↑
好卖！

↑
好卖！

万能打底衫的实用举例

一般时候

在办公室

游玩时

里面搭件豹纹的吊带衫，再配只蝴蝶形状的胸针。

配合白衬衫，马上变身利落女白领。

搭配丝质的连衣裙，优雅而女人味十足。

假日里　　约会时

这就是可以应对各种场合的万能针织打底衫。

穿上大一码的衬衫，

披在肩上，在腰部束成蝴蝶结，让连衣裙更有个性。

像巴黎女人一样下身搭配牛仔裤和浅口芭蕾鞋。

总之呢，一定要试穿。一定要选择跟身形最匹配的那一件。即使是基本款，也可以无比时髦。

完美的一件

Check1 肩幅

正好在肩膀中间位置的尺寸最合适。

Check3 素材

二话不说认准真丝，轻柔又给人高级的感觉。

Check2 腰部

不肥也不瘦，要刚好勾勒出迷人腰线。

Check4 长短

根据身高选择合适的长短。站在镜子前比较一下，选择最合适自己的尺寸。

Check5 花纹

最好选择装饰最少的，因为材质优良的话，即便没有花纹也能尽显奢华。

夏季里，风头最劲是黑色小礼裙

每人都有属于自己的完美一件

法式礼服裙的必需品，就是黑色礼服裙，此外无他。也许你要说"黑色礼服裙，我也有啊……"，但是要想贯彻法式风格，就请仔细钻研一下"完美一件"的含义，找到最适合自己的那一件吧。

"完美一件"的含义就是，可以把自己衬得更美的那一件。说起来容易，找起来难呢。要考虑很多条件，流行度啊、喜欢不喜欢啊，等等。简单而经典的设计是首选。

是否适合自己是第一道关卡。每个人的体形各不相同，肩膀合适了，腰部又不合身。所以请不要妥协，一定要找到自己百分百合适的尺寸。

第二道关卡是剪裁。胸部、腰部、肩幅等剪裁也林林总总。制作时小小的差异体现在人体上就大不相同。所以试穿的时候最少要试5件。试穿，是巴黎女人的扮靓"杀手锏"，是扮靓课程里面最最重要的一项！不试穿就不知道合不合适。所以买衣服的时候请多多试穿吧，试穿过程中你会找到最适合自己的时尚平衡。这种感觉很珍贵，会帮助你更加了解自己，还可以提升自己的时尚品位。

突破了这两道关卡，随后还有一项不要忘记，那就是廓形，尽量选择让自己看起来优雅纤瘦的那一件。综上所述，就是你的最佳选择！如果你找到了这样的一件，那就毫不犹豫地买下来吧。

前面是基本款，后面大露背的样式在各种场合都可以穿着。

优雅小黑裙的终极大变身

外搭一件羽绒短外套，非常有品位。

基本上，礼服裙的十分合身，其他配搭选择稍微宽松一点的都没有问题。

搭配小西服或者围巾，就是合适的办公室装扮。

围巾下摆垂坠到腰部。

迷你裙可以配长袜。

48

闪闪的发卡。

搭配透明感的外搭，可以出席聚会或者结婚仪式。用华丽的小物件提升整体闪亮度。

将长项链斜挎，增加俏皮感。

下配细网纹的长袜。

加一条围巾，穿上打底裤，显得更时尚。

美丽的指甲颜色衬得肤色更美。

秋季主角——开衫的灵活运用

巴黎女人的基本穿法是解开几个扣子，露出一些肌肤。

晚上外出时，可以当披肩使用。

在办公室，系上腰带，干练味道就出来了。

练习的时候，要将衣领向后拽一拽。

秋天的扮靓主角——设计简单的暖色系开衫

说到秋季的必需品，那肯定是开衫。简直是人手必备。

那么巴黎女人的智慧体现在哪里呢——要点就是选择一件温暖颜色的开衫，以便应用于各种场合。因为开衫本身颜色中庸，所以百搭，可以为各种场合的各种服装增添光彩。

我们就来选一选吧，把服装店里看起来朴素的开衫挑出来，在试衣间里尝试不同位置的纽扣系法，发掘一下搭配的无限可能吧。

51

宽松的毛衣，胳膊肘的位置贴上两块装饰，整体感觉很有味道。

稍稍露出手腕。

最喜欢的毛衣上有小瑕疵！没关系，用胸针或者蝴蝶结遮掩一下就好了。

花苞款的半身裙。

让去年的衣服焕发新魅力

修补 & 再利用，重要的是"喜欢"

　　每当买到新衣服总是特别开心，想着"怎么搭配呢？""参加聚会的时候穿上吧"，等等，简直就是一个时期的衣橱主角。但是随着时间的推移，新衣服也渐渐会被遗忘在衣橱的角落。在巴黎，这是绝对不允许的事情！因为买一件衣服常常要花费很多时间和精力（还有金钱），所以一定要最大限度地发挥每件衣服的搭配潜力。

　　经过反复试穿，好不容易选中适合自己的衣服，即使穿用中出现了小小的瑕疵，也不会就此让其隐退，而是修修补补，继续使用。

　　比如说，如果开了一个小洞，就采用贴花修补的方式。"贴花"这个词最早也来自法拉尔。现在法国，手工艺的修补作坊以及改装店仍然存在。总之，法国人不会轻易放弃，这是法国人的一项重要的品格，也是我们应该向其学习的地方。

　　买回来的衣物，总是经过修补和再利用，被法国人长年穿着，不但保护环境，也是跟这个时代最契合的时尚。另外，珍爱的物品会让人安心。还有什么比这更加重要呢？大家都做起来吧！

旧物变身

换换扣子就能够改变一件衣服的气质。

④ 透明衣扣。

在口袋处加上丝带做成的蝴蝶结，转瞬成为成熟女性。

把丝带做成环状，用线绑在丝带中心后缝在口袋上既可，很简单！

现在修补已经变成了新的习惯。

其实我非常不善女红的，

很庄重的手提包，挂上漂亮的装饰链，就变身为个性休闲包。

借穿一下男友的衬衫，露出脖颈很性感。

吊带背心加蕾丝外搭是正解。此时要选择跟肤色相近的吊带背心。

吊带背心比较。

法式　日式

毛衣的里面是金色的吊带背心。

"大女儿"示现实例，自然温雅的颜色十分潇洒！

小小色差是为了凸显V字领。

黑色的话就是这种感觉。

露出前胸

大胆露出前胸，凸显小脸和女人味

住在巴黎的时候，我注意到巴黎女人常常穿着露前胸的衣服。看看日本的那些介绍巴黎时尚的杂志或者法国电影你就会发现，六七成的巴黎女人都会穿大开领的衣服。有些甚至超出我们的接受程度，似乎再往下1厘米，胸部都要跳出来的样子。

这样的大开领，可以凸显女人的小脸和女人味。虽然不能全盘接受，但这种思路还是应该借鉴的。考虑到日本女人的心理，我建议按照左页造型的样子去穿着。虽然没有巴黎女人露出的面积大，但从远处看，还是能给人大开领的视觉效果。快来试一试吧！

大开领，接近巴黎风格的捷径！

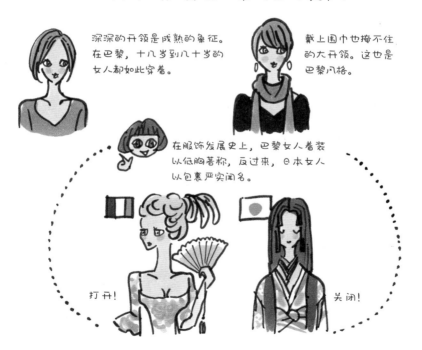

深深的开领是成熟的象征。在巴黎，十八岁到八十岁的女人都如此穿着。

戴上围巾也掩不住的大开领。这也是巴黎风格。

在服饰发展史上，巴黎女人着装以低胸著称，反过来，日本女人以包裹严实闻名。

打开！

关闭！

巴黎独特气候下的着装。上身是冬装，下身是裸足和凉鞋，这就是换季时常见的装扮。（不会感到冷）

5月以后基本裸足。

绑带鞋裸足的最佳搭配，永远的人气造型。

透明丝袜令双腿看起来更修长。选择50D厚度的就可以。

药店里卖的各种足贴此时派上用场，用来保护脚后跟和脚趾。

56

裸足或者黑丝

巴黎女人不喜欢短袜和图案长袜

在巴黎，很少看见穿短袜的人。干燥的气候里，人们大多裸足出行。所以很少看见孩子气的短袜。

到了秋天，黑丝大流行，花纹或者有图案的长袜很少有人穿。另外，为了显得双腿更加修长，丝袜的透明度是挑选的关键。一般会选择 50~60D 厚的袜子。参加聚会的时候一般会选择 40D 厚的袜子。同样是黑丝，不同厚度，演绎的效果也不同。

在丝袜卖场，各种黑丝袜十分齐全！巴黎女人就是这样在其中挑选自己正在寻找的那一款。同样是黑色，却也各不相同呢。巴黎就是如此讲究。

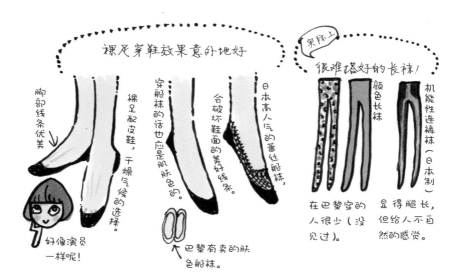

好像演员一样呢！

✦ 耳环

脖颈长的人适合
下垂型耳坠。

脖子短的人适合
短垂型耳坠。

大大的耳坠藏在长发
中，吸引人去探寻。

✦ 项链

教堂中销售的基督教徒十字架。

日本人把项链当作护身符，小心翼翼地佩戴。

好重哦！

主调统一为圆。

黑色衣服适合搭配鲜艳的项链。

· 圆珠项链
· 珍珠项链
· 玻璃珠项链

✦ 手链

动物纹

配有小物。

à Paris（在巴黎）

好好发掘商场的装饰品柜台。

最终价格

1€

以游戏心态选择装饰品

选择设计简单、搭配自然的装饰品

如果以巴黎女人的扮靓为模板，就可以发现她们简单成熟的扮靓理念。这就是巴黎范儿的基本——追求简单而又不给人简陋感。作为日本女性，则希望在"可爱"的风格基础上更上一层楼。日本街头，女人们的衣着也是各具风格，那些打扮得比较鲜艳的，看起来也很优雅。

那么，我们也在日常的装饰中来点"游玩心"如何？选择一些价格便宜的小饰物，让便宜的饰物给予我们高级的装饰体验。那么，我们就一起上街去寻找吧。

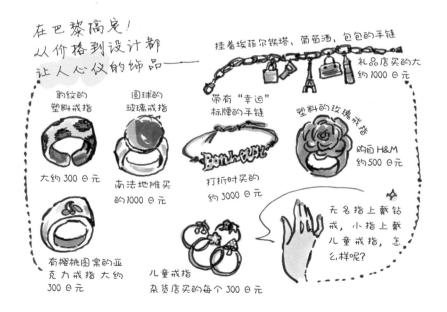

在巴黎淘宝！
从价格到设计都
让人心仪的饰品——

挂着埃菲尔铁塔、葡萄酒、包包的手链
礼品店买的大约1000日元

豹纹的塑料戒指
大约300日元

圆球的玻璃戒指
南法地摊买的1000日元

带有"幸运"标牌的手链
打折时买的约3000日元

塑料的玫瑰戒指
购自H&M约500日元

有樱桃图案的亚克力戒指大约300日元

儿童戒指
杂货店买的每个300日元

无名指上戴钻戒，小指上戴儿童戒指，怎么样呢？

春天去散步

不输给鲜花的娇艳

云一样的围巾。

浅蓝色毛衣。

巴黎女人爱用的军装式内衣。

鲜花的红色

在法国的农家买的树叶样式的凉鞋。

在美术馆的日子

深深沉醉在讲解中。

必备的黑菜什

丽派呆 (repetto) 的这款长靴不会累人，非常好！

修了几次依旧爱穿。

去歌剧院的时候

全身黑色

幕间休息，手握香槟很有成就性的风范。

H&M 的大露背上装，里面搭配蕾丝内搭。

穿了8年，各种布料拼接的裙子。

跟长靴是一个牌子呢。

※图上人物经过了美化处理哦！

60

阳子（YOKO）的巴黎打扮

　　来到巴黎，我深深感到，成为大人是一件多么好的事情。你以为我说的是出海？骑马？跳舞……不是的，不是这些华丽的节目啦。我指的是散步、去美术馆和看芭蕾，听起来是不是很朴素呢，还要花费时间。但我觉得在巴黎享受以上三项，是我最快乐的时光。

　　为了让享受更加到位，每次出门前我都会好好打扮自己，想象将要进入的场合，选择最应景的服装。

　　首先是散步。5月1日，太阳终于露出了笑脸，我迫不及待地走出家门。半路上我买了一个迷你兰花花盒，闻着它的香气来到了公园。紫丁香树下，红色的郁金香开得正旺。人们躺在树下享受难得的日光。我也坐在草地上，仰望蓝蓝的天空。沿着塞纳河岸散步，午后的阳光把河水照得闪烁，直晃人眼。

　　美术馆是我心中的圣地。在卢浮宫，不但是绘画，与埃及相关的展品同样是我的兴趣所在。我借来讲解器，一边听讲解一边欣赏。不管是室内的装饰还是墙壁的颜色，我都很喜欢，一边走一边做笔记。累了就来到咖啡室，吃点沙拉和甜点补充能量，然后接着欣赏。越欣赏就越有新发现，每次都流连忘返，会一直待到闭馆时间。

　　观赏芭蕾表演，始终是我的梦想（实际上1万日元就能买到很好的座位）。在卡尼尔歌剧院简直就是公主一样的享受呢。穿着漂亮的衣服，拿着舞剧介绍走入席位，就连周围观众的服装也具有欣赏价值。

　　大幕打开，芭蕾舞演员的身材、服饰，以及整个舞台都令我陶醉。沉迷在芭蕾世界中的我，幕间休息时间取了一杯香槟来喝。这就是我的至福时刻。就在我回味着年龄增长带来的幸福感时，开场的铃声响起，我重新回到座位。

　　每当这个时候，我就切身地感受到自己身在巴黎，正置身于法国文化之中。如果你将去巴黎，请一定体会我今天的推荐。到时候，可一定别戴手表哦。

Part 03
巴黎女人的日常造型

去面包店的普通装束

为了吃上刚烤好的面包，早上起来直奔面包店！

繁忙的早上当然是素颜，带有羽绒的外套是抵御早上寒冷的首选服装。

……标准早餐

Baguette 法棍的品种很多

Croissant 羊角面包的品种也很多

刚烤好的面包，外酥里嫩，香气四溢！

封住袋口。

羊角面包的包装袋（由来已久）。

面包店的法棍包装。

春天秋天冬天，短靴都很方便。

BOULANGERIE（面包） PÂTISSERIE（点心）

面包店的店员

64

运动衫搭配女仕裤，再加一条披肩，看起来很帅气！

寻常中的女士（非自助的面包店。

羊角面包

Croissant

就算是头发松松绾起、随意的风衣，也让人感觉那么迷人。

每天都要去咖啡店

早上

咖啡店就是我的第二个家，每天都要去。

上班前来一下，稍稍做点工作的准备。

早上还很凉，加一件御寒外套。

早饭是咖啡加奶与牛角面包

舒服的软靴。

去市场的造型

皮革外套，将拉锁拉紧（里面是家居服！）

买的水果和装扮很匹配！

以斤为单位购买的水果。

防小偷的斜挎包。

↑提着篮子去市场。

假日里前往附近的早市，然后再回家。就是这样的装扮！

穿最好走路的鞋子。

用太阳镜代替首饰。

格子衬衫和篮子很配。

很多人在慢跑后回家的路上去早市。

塑料袋很薄易破，所以购物袋最方便。

简单随意地穿着大衣。

腰带松松下垂。

去市场的篮子跟日本昭和时代的篮子差不多，

拿着这个去购物。

是妈妈们的必需品！

围巾很方便。

很像日本的露天市场，店家都整齐排列着，即使不买，去看看也很开心！

蔬菜店　奶酪店　肉店和烤鸡店

转动着的烤肉杆，可以买半份。

各种颜色煞是好看！

品种丰富

浸着肉汁的土豆。

小狗也一道！

木底的草莓箱很可爱。

买前必须尝一尝！

去餐厅赴约时的裙装造型

头发,耷拉下来一绺。

松松绾起

用发卡或者头绳绾起头发。必须在镜子前检查好。但是出门前

头发也是松松绾着。

纯棉的连衣裙。

普通穿用的外搭 腰带很打眼。

丝质的材料。

衬衣要从裤腰中拿出来。

男士多穿衬衫或者牛仔。

晚餐从8点开始～

如果穿着很正式的礼服裙，就让头发随意些，这样不至于太刻板。

即便夏天，也可以穿经典款的黑色连衣裙。

回家后冲个澡，改换盛装，开始夜生活。

促销时入手一件优质的开衫，适合晚餐赴约时穿。

女士优先

巴黎女人的一年

春

LE BON MARCHE 百货商店的店员

25岁，适合丝质连衣裙！

不用饰品，只搭配松松皱皱的软靴！

非常可爱的设计！

夏

看到了女演员罗曼娜·波琳热！

她的手机铃声让人印象深刻。发型是法国人常见的马尾！

一直在打电话（这一点也很巴黎女人范儿）。

我在商场开个人展览的时候，罗曼娜·波琳热在商场避雨。

看到她的打扮，我想难道她就住在附近？

她的打扮非常可爱。背心短裤、红色指甲油，让我记忆深刻。当时她37岁。

"那是罗曼娜·波琳热！"

在商场购物的女士们都注意到了罗曼娜·波琳热。因为是私人时间，所以大家都没有上前打扰她。

沙滩鞋！

跟男友在咖啡店干餐的巴黎女人

冬天街头的巴黎女人

化妆品店的店员
估计 25 岁

秋

合成皮革搭配蓬松感的裙子，很漂亮！

棒针围巾！

外衣带着毛领，还要系上围巾。

花盆领的毛衣，中间亮晶晶的。

★ 锁骨中间的项链，显得肤色滑膩动人。

长长的袖子。

我也在 ZARA 买了一双类似的靴子。

项链的透明感十足。

我也买了类似的项链，大约 4000 日元。

冬

73

时髦的巴黎小女郎

媲美大人？！从小养成的
简约时尚品位！

发型-风衣-牛仔裤。

黑色连衣裙，想跟美女PK一下吗？

巴黎女人的缩小版。

小小年纪已经具备了时尚感觉。

脚下是时髦的短靴。

蘑菇头和连衣裙的完美搭配！

小孩子也穿着小皮鞋，自信地昂首阔步！

74

春天的空气都很温柔，柔软的棉质衬衫，在这个季节穿。

初夏，简单的丝质连衣裙。

后背姿态也美！

夏天里的吊带背心和短裙装扮。

长长的脖颈和优美的姿态，有一种超越年龄的性感迷人。

秋天的色调很有落叶感。

冬天里御寒的圆圆造型。

GLACE

75

爱用的"法国制造"

这些都可以在日本买到!

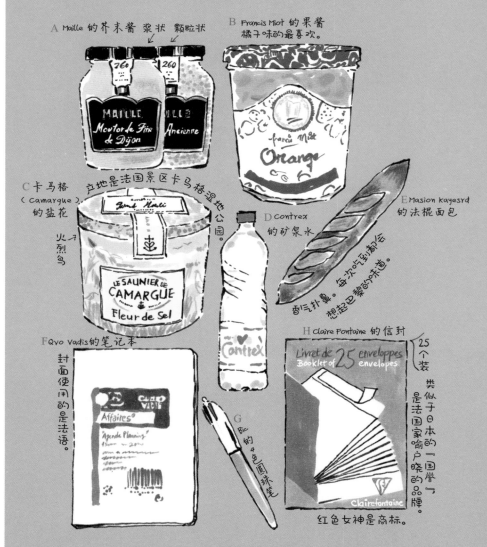

A Maille 的芥末酱 浆状 颗粒状

B Francis Miot 的果酱 橘子味的最喜欢。

C 卡马格 (Camargue) 的盐花

产地是法国景区卡马格湿地公园。

火烈鸟

D Contrex 的矿泉水

E Masion kayesrd 的法棍面包

香气扑鼻。每次吃到都会想起巴黎的味道。

F Qvo vadis 的笔记本

封面使用的是法语。

G 的 4色圆珠笔

H Claire Fontaine 的信封

25个装

类似于日本的一国誉,是法国家喻户晓的品牌。

红色女神是商标。

在这里，介绍一点时尚以外的事。

在巴黎的时候，我深深迷醉在法国文化之中，每天接触不同的法国产品。就算回到日本，很多我依然喜欢使用（见左页图）。虽然在网络上或者进口商店购买要花费时间和运费，但因为没有替代品所以仍一直使用着！可见我对法国制品的信赖程度。

下面A—E是法国料理。在巴黎生活时，我基本没有吃过日餐，都是法国料理。说到法国料理，大家都会联想到味道浓重的酱汁，这其实是餐厅料理的特点。法国的家庭料理注重食材的原味，是简单清淡的。所以差别就在调味料的使用！

F—H，是工作必备的文化用品。法国制品水平很高（除了孩子用），价格也很高，但绝对物有所值。

我用的纸，是接近淡紫的漂白色，纸质细腻。笔的颜色纯正，画画很棒！实在令我无法抗拒！

A　最爱的"MAILLE"芥末酱。柠檬汁和蜂蜜调和而成，是鱼汤料理和煮物料理的主要调味料。

B　每天早上都用的"FRANCIS MIOT"果酱。价格昂贵很奢侈。用柚子皮制成，苦味与酸味恰到好处！所以橘子味的最受欢迎。

C　我厨房的主角"CAMARGUE"盐花。雪白、大颗粒，适合直接撒在肉、鱼、沙拉上面食用。

D　在巴黎喝水，又便宜又好的水很多。我尝试了大约10种以上的水，最喜欢"CONTREX"。味道独特，有的人喝不惯，我却特别喜欢这份独特。

E　巴黎的每天就是面包的每一天！在法棍店里，我每天都买相同的面包。在东京，我也尝试了很多法国面包店，还是选中了这一家。外焦里嫩，是最接近法国风味的面包。"BIEN CUIT"也是经过良好烘焙的意思。

F　每天打开笔记本看今天的安排。这是我不能缺少的工作伙伴。

G　Bic（比克）4色圆珠笔，其中有2种颜色是粗的。粗细适中，我非常喜欢。不管是写字还是画插图，都是我的最爱。

H　虽然在日本可以买到的法国货有限，但我还是将"使用这种信封"坚持了下来。

Part 04
阳子（YOKO）的灵感笔记

新生活的职场型格

来自法国
电视节的启示

社会人的印证，
ID卡和小饰物
的完美搭配。

（工作）
Travail

珍珠项链的长度与ID卡的长度相同，两者编在一起。

工作 × 时尚
充实感
UP！

大部分采用基本款，然后搭配小面积的饰物，完出个性。

选用两种颜色的文件夹，也是一种色彩的搭配方法。

结成蝴蝶结。

提升好感度的套装
＋
个性化
装饰物

解开第一个纽扣，露出迷人的锁骨。

装饰品很简单，10个以上手链缠绕在一起。

简单剪裁的套装，所以要搭配不同的颜色和装饰物！

稍稍能看见里面衣服的颜色。

坡跟鞋很舒服方便。

80

范本——法国女主播们的工作造型

电视台的女主播们都是精致的巴黎女人。随着年龄的增长、阅历的增加，她们在自己的舞台上神采飞扬，也是不可多得的时尚范本！

有时候会选择宽袖的服装。

袖子的上下肥瘦不同。

全身上镜的天气预报主播。

简单的套装很适合一边播报天气。

点气象图一边指

优雅的姿势……

丝质的袖子。

布料十分美丽。

随风荡漾。

光泽感很强的套装和鞋子。

模仿议员风格的套装。

复古风手表。

设计经典的鞋子，米色也不会给人轻浮感觉。

播报新闻的女主播

大约50岁

大约30岁

漂亮的低领衫，珠项链。

跟眼珠颜色相同的优质上衣。

简单的衬衫+手镯

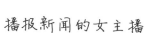

5月的郊游女孩!

印象派的造型

好天气的假日,一起去公园野餐吧!

Pique-nique (野餐)

印象派的造型,宛如19世纪的少女。

手里拿的水果是为了搭配造型吗?

随风摆动的薄薄纯棉上衣。

复古风的蕾丝围巾。

纯棉的连衣裙,是清爽的蔚蓝色。

装着午餐和书。

方便踩踏青草和土壤的长筒软靴。

手做的三明治

将火腿和奶酪夹在中间。

我喜欢的三明治。

栗子。

生火腿。

黑胡椒或者蜂蜜合成。

可以用作餐桌的法式野餐篮。

常出现在古典绘画中的红葡萄酒!

采花做个花束、刺绣,或者读书……一边听着鸟叫,一边度过休闲的假日时光。难道不是19世纪的情景再现吗?

初夏，变身花样女郎！

想起了白色的花房姑娘！

Bouquet
〈花束〉

白 草绿 黑

使用这3种颜色！

草绿色的皮套。

自然色构成的花束，可以活用其他颜色与之相配！

白色连衣裙。

裙边是大丽花的式样，手工做的手镯。

虽然是黑色，但因为包装纸富有光泽，所以显得华美精致。

用树叶和织物编成的手镯。

泛着光泽的黑色高跟鞋。

Fleuriste

发现了卖白色花束的花店。

巴黎风格的颜色搭配，显现淑女风范的花束！

盛夏的度假造型

来自法国的
造型提案

le Denim (牛仔布)

le Panier 经典的蓬蓬裙)

所以选用了象征南法的向日葵的黄色牛仔布料。

因为这种材质起源于南法，

可以放面包的篮子。

篮子里面的午餐

奶酪

巧克力

以优雅泛舟贵妇人形象为灵感设计的造型。

白色的纯棉长裙也是脱胎于贵妇人造型。

86

法式灵感！游戏时尚！♪

le tutu （芭蕾短裙）

将芭蕾舞者的类似裙边活用于日常生活！

像芭蕾演员那样露出脖颈和锁骨。

一字领外衣这个词语来自法语，是芭蕾样式服装的基本款。

与服装搭配的包包。

棉的袜套，宛如芭蕾演员的穿着。

le Marine （水手衫）

可可·香奈儿将水手衫时尚化。从服装到配饰，水手理念费穿全身。

脱骨子渔夫服装、被法国海军采用、继而风靡全世界的水手衫。

渔夫

可可·香奈儿

秋季，聚会造型

法国式的
聚会造型！

Vin rouge
红酒

Macaron
马卡龙

与红酒颜色一样的短外套。

像红酒一样精致的造型！

与酒瓶颜色一样的深绿色裙子。

酒红色的高跟鞋将整体造型的成熟度提升。

像点心一样的卷发。

薄荷颜色的外衣会将起来既柔！

马卡龙颜色的项链

渐变颜色的超短裙

以马卡龙的形状设计的鞋子。

富有灵感的造型设计怎么样?

Bouquet
花束

Chocolat
巧克力

像花瓣一样的头发造型。

"开花"似的眼睫毛。

巧克力颜色的发带!

花卉颜色的外套。

花色的连衣裙。

用腰带在巧克颜色的围巾上系一下,风格立显!

巧克力板一样的手包。

腰带是花茎的绿色。

巧克力外包装锡纸一样颜色的高跟鞋。

巧克力颜色的高跟鞋。

巴黎范儿的家庭聚会

一边品尝香槟或者葡萄酒一边聊天。晚餐前的小酌。

聚会小食

生火腿
橄榄
鱼子酱
三文鱼
法棍 (一口小三明治)

坚果

薯片

冬天的法式混搭风

严冬中的巴黎街景，
让人浮想联翩

像女演员
碧姬·芭铎
那样的马尾辫

缠绕的长围巾是巴黎街头的御寒手段！

为了映衬粉红的脸颊，围巾颜色采用蓝色系。

（冬天）
HiVER

衬衫外围的蝴蝶结皮带还是亮点。

带有袜套的鞋子。

巴黎的颜色

蔚蓝天空   茶色的烟囱

米色的墙壁   深绿色的广告墙

黑色的栅栏

深茶色的路灯   深灰色的台阶

白色长裙搭配黑色长袜，就像罗特列克笔下的舞女。

巴黎街头的基本色和彩色搭配！

雪白的大围巾，犹如巴黎屋檐下厚厚积雪。

法式羊毛外套。

像贵妇人似的围巾和胸针。

不输给圣诞灯饰的造型，让人印象深刻！

以拿破仑造型为题材设计，法国宫廷风格外套，搭配勋章似的包包。

优雅的马靴。

精致的法式花边裙。

整个造型力量感十足。

新年了，举香槟庆祝吧！

这里可是香槟的大本营哦！

Champagne

闪烁着优质香槟颜色的造型！

好似香槟泡沫的精致耳坠。

金色的披肩。

以香槟酒杯为题材的连衣裙。

香槟点心。

饰品也有手镯。

淡淡香槟色的长袜。

以香槟泡沫为主题设计的香槟色裙子。

肤色长袜。

粉色香槟色的包包。

酒瓶颜色的深绿高跟鞋。

鞋子也是香槟色。

庆祝新年
不可或缺的香槟！

"玫瑰人生"
的主题聚会怎
么样？

♥玫瑰花

香槟点心

↑
玫瑰一样的发型

☆ 像贵妇人一样优雅得体！☆

只有来自法国香槟产区的发泡葡萄酒才是真正的"香槟"champagne。其他的只能称作"汽酒"sparkling wine……期望成为"能品出这种不同的女人"！

站着喝的时候从上面握住杯子，非常优雅！

优雅地举起杯子。

Très bon ♪
（太棒了）

小口啜饮

香槟酒的王者！

倒酒时，酒杯里上升的泡沫——声音、香味、颜色，一切都如此悠然雅致。

虽然暗自提醒自己，但仍然会喝醉。

↑
我还去了工厂参观哦！

脸颊也变成玫瑰红色！

这样还是成不了贵妇人啊……

93

★ 爱 家 的 王 子 ★·······················

PÂTISSERIE FLEURISTE

① 年纪大约22岁的男子走进点心房

② 手里多了一个盒子

③ 接着又走进花店……出来时

金子上有一朵山茶花！

很慎重地拿着盒子。

盒子里面一定是两块蛋糕，

是给等候在家中的女朋友，

还是妈妈呢？

不管是谁，买这样的礼物回家

就够得上王子的称号！

PÂTISSERIE

★ 花 束 大 叔 ★·······················

在店头看排列的花束 ジー一

以为大叔就与花无缘？这么想就大错特错了！

这是巴黎周末经常有的景象！

这是给朋友还是给妻子的礼物呢？还是女朋友？漂亮的花束是送给谁的呢？再次陷入了无尽的想象之中……

花束和女士优先的社会

巴黎女人的时尚离不开男人的角色。而"女士优先"更将女性的魅力提升……我这么说可能会招来误解吧。

如果帮助女性把开门、提重物、倒红酒、做饭时切肉、推婴儿车的负担减轻了，那么女性是不是就有更多的时间来打扮了呢？女性的体力本来就比男性弱，这样考虑的话就没有什么过分的啦。

另外，男性还有一个"检查"的责任，"这样不是更好吗""这个比较适合吧"，等等，巴黎女人每天接受这样的修正和意见，自然有助于自我的提升。男人们也不会为此而自满，他们是使帅气的巴黎女人变得更加帅气的幕后英雄。

我从家里的窗子，经常可以看到这样的情侣们。（我的家在行人较多的街上，我经常像猫一样注视着窗外的行人。）有一个周日的早上，睡眼惺忪的我就看到了左图的情景，"难道是作秀吗？"不不不，他们都是很普通的大叔和男子。于是我再次感慨巴黎男人的风度！

95

Part 05

时尚度提升 120% 的秘密

奥黛丽·塔图的"小恶魔"法式风格

电影《巴黎拜金女》，为你打开一扇窗，窥视有钱人的世界。

电影《巴黎拜金女》

在高级餐厅用餐

奥黛丽饰演女主角！

服装的颜色跟清晨的阳光和蓝天非常搭配，装饰物只有手镯和手表。

影片最后的黑色小礼服。其他女性角色的黑色礼服也很有参考价值。

在聚会上

头发松松绾住，这也是老套风格。

发卡别在一侧。

短短的指甲，裸色的指甲油。

有一天的聚会，简单的剪裁，大开口的衣领别致完美！

亮闪闪的材质

参考一下法国电影

根据 TPO 原则与光的反射，同样的服装也可演绎出不同的气质（编注：TPO 原则，即着装应与时间、场合、地点相协调。）

在充满了各种情景与法国思想的法国电影里面，也有很多关于时尚的体会。

比如，电影《巴黎拜金女》里面的服装有一个共性，那就是简单。为了体现奥黛丽的性感，领口大幅度地敞开着。电影中的各种时尚场景，虽然对我们一般人而言现实意义非常薄弱，但电影的主题却别有深意，推崇的是"真爱无价"。这种不被物欲侵蚀的情感价值观，在一派奢华的背景里，显得更加珍贵、动人。

朱莉·德尔佩的风格，可以很好地代表巴黎女郎！虽然服装比较少，但有很多一物多用的例子。根据风、光影、TPO 的不同，一件衣服表现出了不同的表情。衣服的挑选也很见时尚功力。从这些我们懂得了，自然、时间、光的力量，都是打造巴黎风格的重要元素。

朱莉·德尔佩的巴黎女郎风

《巴黎两日情》　　　《爱在巴黎日落时》

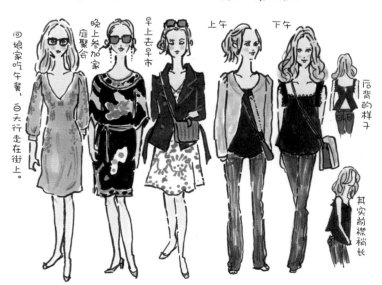

回娘家吃午餐、白天行走在街上。

晚上参加家庭聚会

早上去早市

上午

下午

后背的样子

其实前襟稍长

围绕脸形下功夫

✦ 注意脸的四周，让自己更加夺目 ✦

枯叶飞舞的秋天，栗色的头发搭配同色系的橄榄色和淡绿色的围巾，颜色的调和度很好。

黑色的披肩发，戴上亮晶晶的大耳坠，无限神秘，引人遐思。

今天染了头发，颜色怎么样？

非常注重头发的颜色！神采奕奕的头发就是她扮靓的王牌武器。作为一名有了孙女的女性，她还不是老奶奶哦。

金发碧眼，由于寒冷，两颊泛起淡红色，跟粉色的围巾很搭。

太阳镜是最有力的扮靓小物。是最花钱的装饰品？考虑到流行的元素，计算镜片与脸形的面积比，可以戴出最美的脸形。

期待下一络头发。

用发卡营造出温柔的女性形象。

✦ 显得脸小的诀窍 ✦

大衣领利用远近法
收到小脸的效果。

高领遮住脖子。

大衣扣也是远近
法的一种。

衣领在围巾上
方打开。

在脸的周围下功夫，打造光彩照人的小脸

我发现巴黎市民多乘坐巴士代步。虽然大家都在车上没什么表情，但毫无疑问，每个人看起来都是那么神采奕奕。这是为什么呢？最后，她们脸周的装饰给了我答案。巧妙地使用围巾、太阳镜等小装饰物，令皮肤看起来健康且富有光彩。另外，头发的颜色和发型也营造出小脸的效果。

说到小脸，日本人最先想到的一定是乳霜、按摩、化妆术吧。但在巴黎却不是这样。我在法国充分感受到——巴黎的女人们是在装饰上面下功夫。

轻盈的卷发。

围巾的面积要大于脸
的面积。

领口打开的长度要超过脸的长度，营造长脸小脸的效果。

低领露出前胸。

这个方法首先推荐

人人都合的马尾发式，故意弄得散乱一些，头发包裹住脸孔。

101

表现"喜欢"的时候

"可爱"的表情和动作

装扮可以简单，表情必须丰富

听我介绍了这么多巴黎女郎的着装风格，是不是会觉得她们比想象中要来得克制和压抑呢？一般来说，巴黎女人都会看上去比实际年龄大，但是，她们身上最可爱的就是她们的表情。

刚刚见面时，她们会像猫咪一样对人有警惕心，没什么表情，但是随着谈话的进行，表情就丰富起来了。就像在主人怀里变身的猫咪一样！这样丰富的表情和动作，为她们酷劲十足的装扮增添了不少光彩。

说到"可爱"，并不是孩子气，所以无须感到难为情。这个词语经常表达的是率真和感情自然流露。敞开心扉以后，就没有必要再紧张了。

我最初住在巴黎的时候，在表情上有过很多误解。因为，你在表达自己喜好的时候，表情也会一起带出来，欺瞒不了人。所以喜欢就是喜欢，不喜欢就是不喜欢，不是很好吗？让表情跟自己真实的心情走，表情就会丰富起来了。

看到我作品的各位，如果我能找到共鸣，那么我就有自己像一颗宝石被人发现的喜悦和感动！

翻动的手指十分优美。

慢慢地、小心翼翼地翻开我的书。

表情的诀窍？注意嘴角！

站在镜子前面，观察自己的表情。

发现什么表情也没做的自己，嘴角竟然不是上扬的。

嘴角经常上扬的人会给人热情开朗的好印象。

很多模特、女演员都是这个类型。

画插图的我，也要在自己的图画上注意这点呢。

有皱纹也不怕，让自己的嘴角保持上扬吧！

用香水做最后的装扮!

简单的打扮, 当风吹起, 散发阵阵香气。

parfum (香水)

眼睛看不到的地方, 反而需要多花心思……这也许就是成熟人士的扮靓法则!

商场, 或者化妆品店的正门入口处, 一定展示着香水柜台。一定是有宣传作用在里面。

两个人便用了同一款香水, 香味也会有微妙的不同。每人都有属于自己的"香气"。

享受香水

对巴黎女郎而言，香水是必不可少的

在巴黎，为了保护景观，禁止户外悬挂晾晒物。巴黎的美，人人都知道，但大家没想到还有这样的规定吧。那时我真的怀念白天可以在户外晾晒衣物的日本，怀念衣服上淡淡的阳光的气味。但是为了美丽的景观，只能忍耐下来在房间里面晾衣服了。

这时我就有了一点发现，那就是味道。古老的公寓里飘浮着独特的香味，也会沾染给衣服。壁橱里的大衣竟然有墙壁的石灰粉味道……最喜欢的服装也会因此价值大跌！为了解决这样的问题，巴黎的香水就登场了。终于明白了一点巴黎香水故事的由来（根据巴黎人的说法，这并不是唯一的理由）。在日本，香水大概排不到必备品第一的位置，但在巴黎，香水是绝对主角。化妆品柜台的正面是清一色的香水，可见其地位之重。

即使是同一款香水，不同的人使用也有不同的味道。所以每个人都有一款在这世界上的专属香——从这微妙的差别，你可感知到法国人的敏感。

有了属于自己的香味，那么不管你来到或是离去，你的味道都会增加你的存在感。简直就是你的个人符号！香水，也是让爱情更加迷人的重要"武器"，代表着法式浪漫的"香氛"文化。

心形的瓶子

IN LOVE AGAIN

我在香水店选了半天才挑中这款"IN LOVE AGAIN"。有柚子的香气。我被巴黎文化深深影响了，用一件衣服的钱买了这瓶香水。

执着的我还去了南法的香水工厂一探究竟！

哇！

数也数不过来的品种！

虽然喜欢扮靓，但要上学、要工作、要照顾孩子，忙碌的时候也会不那么讲究。

扮靓不是生活的全部，但是生活的重要一环。能给别人优雅时髦的印象是很好的事情。

但是，穿的衣服也会影响心情。能每天愉快地投入生活是头等大事。

是啊，人生就是一个解决问题的过程。

昨天的早上8点，天还没亮，就起床上班去。

躺着晒书看得很。

学生们忙于学习。

在图书馆。

接送孩子上下学的妈妈，必须坚持到孩子小学毕业。

要为了家人的健康精选食材。

在超市。

106

比扮靓更重要的事

增加内涵，时尚度再 UP

看到这里，你是否已经感觉，扮靓并不单单是技巧？法式风情更多的是背后的生活态度和价值观。通过观察和与她们交谈，我探寻着她们的价值观。

在巴黎女人的金钱观里，税金、房租、度假费用、生活费等各种支出结算完毕，剩下才是可以自由支配的部分。所以，买一件衣服必须精挑细选。巴黎女人并非每天只想着如何打扮，她们也会有无精打采的时候，劳累时也会素颜上班。只不过，这些都是她们的自我调整，是为更加美丽做准备。相比他人的评价，她们更注重自我的感受。

不管多么喜欢打扮，可支配的费用中，服装等扮靓费都不会太高，为了省钱打扮自己，而减少跟朋友聚餐、

不看电影不喝咖啡等更是无法想象的事情！所以说，巴黎女人更注重自身内在的积累。

巴黎是一座国际大都会，有很多机会结识不同的人。如果没有足够的知识储备，谈话都进行不下去，这是让人感到羞愧的。表面再美，也不过是一个躯壳；内在的丰富才是巴黎女人追求的核心。在任何场合与人沟通，都必须既给人良好的外在印象，又给人深刻的内在印象。

打扮不是目的，而是一种有乐趣的生活方式。当你注重内心的培养，那么不知不觉之间也会养成扮靓的时尚感觉。所以不必为打扮发愁。即使暂时没有卓越的时尚感，开朗自信的你仍然令人着迷。

我将置装费用在别处的几件事情

交际费 跟朋友去餐厅闲餐

文化艺术
· 电影
· 芭蕾
· 美术馆

书 小说 画集
买书的花销是在日本的3倍

咖啡
巴黎生活的精神

旅行 法国各个地方以及邻近的欧洲其他国家

向法国妇人学习熟女的时尚

每一件都符合自己的个性与型格。

她是百货商店的经理吗？她全身都巧妙地使用了货架的商品。总是可以将自家生产销售的产品搭配展示出来。

C'est mieux?
（这样好多了）

老花镜也时髦

在巴黎经常可以

看到时髦的卖场奶奶。

上了年纪双腿容易疲劳，所以看到这样的装扮会格外感觉到她的帅气。

这是我最喜欢的小店的（我推想的），因为每天都能看到她，推算年龄在50岁以上。她有着相当强烈的存在感。

十几岁男孩的妈妈，我不仅跟她学法语，还向她学习成熟又不失可爱的打扮。

Bonjour, Yoko!
（你好！阳子）

这是一个下雨天，她的打扮帅吧！

既有少女的娇羞，又有成人的沉稳。经典设计的上衣非常有型。

一起吃午餐的时候

皮裤

期望我到了50岁也能这么帅。

大衣里面的样子。

毛衣吊带
背心

打折时候买的啊

萨迪格＆伏尔泰
Zadig&Voltaire
是巴黎女人喜欢的牌子（小贵）。

40、50、60……随着年纪的增长，越来越洗练、美丽、时尚！

上身是羊绒衫，淡青色。服装品质与年龄相得益彰！

好帅气！

每次看到这样的场景，都忍不住低呼"太帅了！"

column
成熟以后，更多的乐趣在前方

随着年龄的增长，体力会衰退、肌肤弹性会下降、会堆积脂肪……这些都会让人沮丧吧。有的人越想越觉得失望，一点一点将自己深埋进岁月的尘埃。但有另外一些人，她们欣然接受岁月的变迁，勇敢站在舞台上焕发自信魅力，这就是行走在巴黎街头的老妇人们！她们60岁、70岁、80岁，甚至年龄更大，越老越美丽，每一个人都因为自信而神采奕奕。

在巴黎生活期间，被评价为孩子气是一件令人羞愧的事。这意味着还没有成熟，不具备对视的条件。因此我每天都给自己打气，绝对不可以让人觉得孩子气，要竭尽全力向成熟的女人看齐。这是因为，有很多风景

为成熟者打开。比如说在下午的街角，自由支配时间的成人，可以悠然地观望风景，感受季节、时间的推移。

在巴黎生活中我注意到一件事情，那就是这个世界上有很多美丽是不到一定年纪领会不到的。比如说20岁的时候跟30岁时或者40岁时看同一本书，读后感完全不同。体味到自己的变化也是人生的乐趣之一。

左图描绘了在巴黎常见的情景。每次看到这样的景象，我都在憧憬上了年纪以后的光彩。在巴黎，这样的样本比比皆是，是巴黎生活最大的收获。年轻的时候享受生活，年纪大了以后你的乐趣会加倍。"成熟带给人的满足感"，真是无法用语言能表达的。

硬硬的肉也没有问题！慢慢咀嚼，慢慢回味。用餐的奶奶真美丽！

Afterword

后　记

怎么样？

领会了"巴黎范儿"的意境没有呢？

在这4年间，我每3个月从巴黎回一次国，

每次都感觉到我们日本女人确实也是很时髦的。

但是每当我返回巴黎，看到巴黎女人，

就会觉得日本女人固然美丽，但似乎还不够放松。

确实，在24小时无休止的东京，忙于工作和自我生活而不得喘
息的人实在是太多了。

因此，我为繁忙的女性朋友描绘了这本巴黎的生活画卷。

另外，我还想对繁忙的女性朋友们说的是，

1分钟也好，请卷起袖子，站在镜子前面转个身，看看自己。

这短短的1分钟，也是难得的自我调整时间。

就从这短短的1分钟开始，问问自己需要的到底是什么？

然后，收拾房间，让人生更加简单快乐……

"巴黎范儿"就是最近的一条通路。如果你已然感到迷惑，

那么如果本书会让你的心情开朗，这就是"巴黎范儿"魔法的效
果证据，

一定可以使你熠熠生辉。

在这里，特别感谢优秀的书籍设计师大久保裕文先生、

各个细节上力争完美的编辑井上薰小姐。

另外，我也要特别感谢看到这本书，并给予这本书大力支持的各
位读者朋友。

谢谢大家！

米泽阳子

Soko Yonezawa.

好 书 推 荐

《手绘时尚巴黎范儿1——魅力女主们的基本款时尚穿搭》
[日]米泽阳子/著 袁淼/译
百分百时髦、有用的穿搭妙书，
让你省钱省力、由里到外
变身巴黎范儿美人。

《手绘时尚巴黎范儿2——魅力女主们的风格化穿搭灵感》
[日]米泽阳子/著 满新茹/译
继续讲述巴黎范儿的深层秘密，
在讲究与不讲究间，抓住迷人的平衡点，
踏上成就法式优雅的捷径。

《手绘时尚范黎范儿3——跟魅力女主们帅气优雅过一生》
[日]米泽阳子/著 满新茹/译
巴黎女人穿衣打扮背后的生活态度，
巴黎范儿扮靓的至高境界。

《时尚简史》

[法] 多米尼克·古维烈 /著　治棋 /译

流行趋势研究专家精彩"爆料"。

一本有趣的时尚传记，一本关于审美潮流与

女性独立的回顾与思考之书。

《点亮巴黎的女人们》

[澳]露辛达·霍德夫斯/著　祁怡玮/译

她们活在几百年前，也活在当下。

走近她们，在非凡的自由、爱与欢愉中

点亮自己。

《巴黎之光》

[美]埃莉诺·布朗/著　刘勇军/译

我们马不停蹄地活成了别人期待的样子，

却不知道自己究竟喜欢什么、想要什么。

在这部"寻找自我"与"勇敢抉择"的温情小说里，你

会找到自己的影子。

《属于你的巴黎》

[美]埃莉诺·布朗/编　刘勇军/译

一千个人眼中有一千个巴黎。

18位女性畅销书作家笔下不同的巴黎。

这将是我们巴黎之行的完美伴侣。

阅美文化　悦读阅美·生活更美

* 好 书 推 荐 *

《优雅与质感1——熟龄女人的穿衣圣经》

[日]石田纯子/主编　宋佳静/译

时尚设计师30多年从业经验凝结，

不受年龄限制的穿衣法则，

从廓形、色彩、款式到搭配，穿出优雅与质感。

《优雅与质感2——熟龄女人的穿衣显瘦时尚法则》

[日]石田纯子/主编　宋佳静/译

扬长避短的石田穿搭造型技巧，

突出自身的优点、协调整体搭配，

穿衣显瘦秘诀大公开，穿出年轻和自信。

《优雅与质感3——让熟龄女人的日常穿搭更时尚》

[日]石田纯子/主编　宋佳静/译

衣柜不用多大，衣服不用多买，

现学现搭，用基本款&常见款穿出别样风采，

日常装扮也能常变常新，品位一流。

《优雅与质感4——熟龄女性的风格着装》

[日]石田纯子/主编　千太阳/译

43件经典单品+创意组合，

帮你建立自己的着装风格，

助你衣品进阶。

《选对色彩穿对衣（珍藏版）》
王静/著

"自然光色彩工具"发明人为中国女性
量身打造的色彩搭配系统。
赠便携式测色建议卡+搭配色相环。

《识对体形穿对衣（珍藏版）》
王静/著

"形象平衡理论"创始人为中国女性
量身定制的专业扮美公开课。
体形不是问题，会穿才是王道。
形象顾问人手一册的置装宝典。

《围所欲围（升级版）》
李昀/著

掌握最柔软的时尚利器，
用丝巾打造你的独特魅力；
形象管理大师化平凡无奇为优雅时尚的丝巾美学。

悦读阅美 · 生活更美

* 好 书 推 荐 *

《中国绅士（珍藏版）》

靳羽西/著

男士必藏的绅士风度指导书。

时尚领袖的绅士修炼法则，

让你轻松去赢。

《中国淑女（珍藏版）》

靳羽西/著

现代女性的枕边书。

优雅一生的淑女养成法则，

活出漂亮的自己。

《嫁人不能靠运气——好女孩的24堂恋爱成长课》

徐徐/著

选对人，好好谈，懂自己，懂男人。

收获真爱是有方法的，

心理导师教你嫁给对的人。

《女人30⁺——30⁺女人的心灵能量》
(珍藏版)

金韵蓉/著

畅销20万册的女性心灵经典。

献给20岁：对年龄的恐惧变成憧憬。

献给30岁：于迷茫中找到美丽的方向。

《女人40⁺——40⁺女人的心灵能量》
(珍藏版)

金韵蓉/著

畅销10万册的女性心灵经典。

不吓唬自己，不如临大敌，

不对号入座，不坐以待毙。

《优雅是一种选择》(珍藏版)

徐俐/著

《中国新闻》资深主播的人生随笔。

一种可触的美好，一种诗意的栖息。

《像爱奢侈品一样爱自己》(珍藏版)

徐巍/著

时尚主编写给女孩的心灵硫酸。

与冯唐、蔡康永、张德芬、廖一梅、张艾嘉等

深度对话，分享爱情观、人生观！

好书推荐

《我减掉了五十斤——心理咨询师亲身实践的心理减肥法》

徐徐/著

让灵魂丰满，让身体轻盈，

一本重塑自我的成长之书。

《OH卡与心灵疗愈》

杨力虹、王小红、张航/著

国内第一本OH卡应用指导手册，

22个真实案例，照见潜意识的心灵明镜；

OH卡创始人之一莫里兹·艾格迈尔（Moritz Egetmeyer）

亲授图片版权并专文推荐。

《女人的女朋友》

赵婕/著

情感疗愈深度美文，告别"纯棉时代"，走进"玫瑰岁月"，

女性成长与幸福不可或缺的——

女友间互相给予的成长力量，女友间互相给予的快乐与幸福，

值得女性一生追寻。

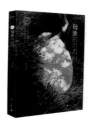

《母亲的愿力》

赵婕/著

情感疗愈深度美文，告别"纯棉时代"，走进"玫瑰岁月"，

女性成长与幸福不得不面对的——

如何理解"带伤的母女关系"，与母亲和解；

当女儿成为母亲，如何截断轮回，不让伤痛蔓延到孩子身上。

《茶修》
王琼/著

中国茶里的修行之道，

借茶修为，以茶养德。

在一杯茶中构建生活的仪式感，

修成具有幸福能力的人。

《玉见——我的古玉收藏日记》
唐秋/著　石剑/摄影

享受一段与玉结缘的悦读时光，

遇见一种温润如玉的美好人生。

《与茶说》
半枝半影 / 著

茶入世情间，一壶得真趣。

这是一本关于茶的小书，

也是茶与中国人的对话。

《一个人的温柔时刻》
李小岩/著

和喜欢的一切在一起，用指尖温柔，换心底自由。

在平淡生活中寻觅诗意，

用细节让琐碎变得有趣。

好 书 推 荐

《管孩子不如懂孩子——心理咨询师的育儿笔记》

徐徐 / 著

资深亲子课程导师20年成功育儿经验，

做对五件事，轻松带出优质娃。

《太想赢，你就输了——跟欧洲家长学养育》

魏蔻蔻/著

想要孩子赢在起跑线上，

你可能正在剥夺孩子的自我认知和成就感；

旅欧华人、欧洲教育观察者

详述欧式素质教育真相。

资优教养：释放孩子的天赋

王意中/著

问题背后，可能潜藏着天赋异禀，

资质出众，更需要健康成长。

资深心理师的正面管教策略，

从心理角度解决资优教养的困惑。

《牵爸妈的手——让父母自在终老的照护计划》
张晓卉/著
从今天起，学习照顾父母，
帮他们过自在有尊严的晚年生活。
2014年获中国台湾优秀健康好书奖。

《在难熬的日子里痛快地活》
[日]左野洋子/著 张峻/译
超萌老太颠覆常人观念，用消极而不消沉的
心态追寻自由，爽朗幽默地面对余生。
影响长寿世代最深远的一本书。

《我们的无印良品生活》
[日]主妇之友社/编著 刘建民/译
简约家居的幸福蓝本，
走进无印良品爱用者真实的日常，
点亮收纳灵感，让家成为你想要的样子。

《有绿植的家居生活》
[日]主妇之友社/编著 张峻/译
学会与绿植共度美好人生，
30位Instagram（照片墙）达人
分享治愈系空间。

桂图登字：20-2012-156

图书在版编目（CIP）数据

手绘时尚巴黎范儿.1, 魅力女主们的基本款时尚穿
搭 / (日) 米泽阳子著；袁淼译. -- 2版. -- 桂林：
漓江出版社, 2020.1
    ISBN 978-7-5407-8744-8

    Ⅰ. ①手… Ⅱ. ①米… ②袁… Ⅲ. ①服饰美学 - 通
俗读物 Ⅳ. ①TS973-49

中国版本图书馆CIP数据核字(2019)第214933号

手绘时尚巴黎范儿1——魅力女主们的基本款时尚穿搭
Shouhui Shishang Bali Fanr1—— Meili Nüzhumen de Jiben Kuan Shishang Chuanda

作　　者：[日]米泽阳子　　译　者：袁　淼

出 版 人：刘迪才
策划编辑：符红霞　　　　　责任编辑：符红霞
助理编辑：赵卫平　　　　　装帧设计：夏天工作室
责任校对：王成成　　　　　责任监印：黄菲菲

出版发行：漓江出版社有限公司
社　　址：广西桂林市南环路22号
邮　　编：541002
发行电话：010-85893190　　　0773-2583322
传　　真：010-85893190-814　　0773-2582200
邮购热线：0773-2583322
电子信箱：ljcbs@163.com
微信公众号：lijiangpress

印　　制：北京尚唐印刷包装有限公司
开　　本：880 mm × 1230 mm　1/32
印　　张：4
字　　数：92千字
版　　次：2020年1月第2版
印　　次：2020年1月第1次印刷
书　　号：ISBN 978-7-5407-8744-8
定　　价：42.00元

女性时尚生活阅读品牌

□ 宁静　　□ 丰富　　□ 独立　　□ 光彩照人　　□ 慢养育

悦 读 阅 美 · 生 活 更 美